新装版 タネは どこからきたか？

鷲谷いづみ・文　　埴 沙萠・写真

アカバナのタネ

Where did the seeds come from ?

新装版 タネは
どこからきたか？

鷺谷いづみ・文　　埴 沙萠・写真

山と溪谷社

◀ クロマツの芽生え

タネってなんだろう？

　タネという言葉であなたはなにを思い浮かべますか？　話のタネ？　柿のタネ？　アサガオのタネ？　タンポポのタネ？　風に舞うタンポポのタネはだれもがすぐイメージできるタネでしょう。では、ジェット気流や海流に乗って世界を旅するタネを想像できますか？　ヒヨドリの落とし物の中にも、タヌキの糞にも、いろいろなタネが含まれています。植物は、動物たちに肥料つきでタネまきをしてもらっているようです。アリとタネの間には、どちらにとってもありがたい秘密の関係があります。それをとりもつのは、タネについた小さなアリの餌、エライオゾームです。直立歩行するヒトは、ほ乳動物としては並はずれて大きな足の裏をもっています。昔は足裏、いまは靴底につく泥に混ざって、タネがヒッチハイクしていることを、多くのヒトは気づいていないかもしれません。

　タネと聞いてすぐに芽生えを思い浮かべるあなたは、庭の草取りのたいへんさも思い出しているのでしょう。つぎからつぎへと芽生えてくる雑草のタネ。その中には、おじいさんやおばあさんが子どものころに生えていた草に実り、それからずっと土の中で眠っていたものもあるはずです。寿命の短い草も、そのタネは長生きです。長生きしながら、じっと芽生えるチャンスをうかがっています。あなたの足の下の地面にもそんなタネがたくさん潜んでいます。タネはみずみずしく柔らかい芽生えを丈夫な殻で包んだ小さなカプセルです。さまざまなからくりを使い、時間も空間も自在に超えて、芽生えの素をあちらこちらに運びます。まさに神出鬼没といえる植物たちの生はじつにダイナミックです。

　芽生えを見たら、野生の植物を見たら、「このタネはどこからきたのだろう」と唱えてみませんか。すると目の前に小さな秘密の戸口が現れて、みごとな知恵と技に満ちた植物たちの世界へとあなたを導いてくれるはずです。さあ、それではタネたちと、空間と時間をかける冒険の旅に出かけましょう。

◀初夏の雑木林

目次

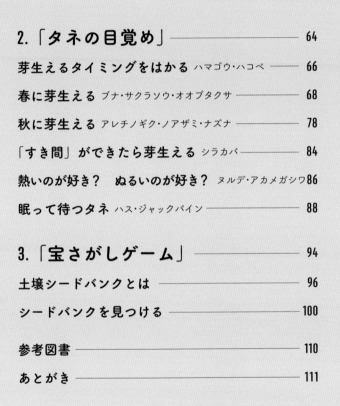

タネや実のいろいろ。左上から時計回りに、クリ、ヤドリギ、ク
ロマツ、タンポポ、サンショウ、チヂミザサ、タチツボスミレ、
カノコソウ、ミズバショウ、ハルノノゲシ、スズメノテッポウ、
シラカバ、ヌスビトハギ、ヤマハゼ、キリ、ヤマモモ、オナモミ、
ハマナシ、アメリカセンダングサ、ワタ、ガマズミ、ウバユリ

1
タネの冒険

　地面に根を張って動くことのできない植物も、タネのときだけは遠く離れた場所へ移動することができます。1本の草も木も、いちどきにたくさんのタネを実らせます。そのうち、無事に芽生えて成長するのはごくわずかです。芽生える前に食べられたり、腐ってしまうものも少なくありません。

　タネや果実がさまざまなのは、無事に芽生え、健やかに成長できるようにと、植物たちが独自に工夫を凝らしたためなのです。それは、植物たちが何世代もかけて試行錯誤しながら環境に適応した進化の結果です。

　小さくともみずみずしく生命感あふれる芽生え。そのひとつひとつが、果実やタネの巧みな工夫の証です。それら芽生えとなったタネはいったいどこからやってきたのでしょうか。タネたちの空間と時間とをまたにかけた冒険の旅、その軌跡をタネになったつもりでたどってみましょう。

◀強い北風がガマ原の上を吹きぬけると、待ち構えていたかのようにガマの穂から、煙のようにタネが立ちのぼる。いかにも身軽そうな微細なタネは、ときに数千mの高度まで舞い上がり、水平距離にして数百kmも飛ぶことがあるという。新しい池ができると、いつのまにかガマが生えてくる。そのタネは近くの湿地からやってきたのかもしれないし、遠くの沼のほとりから天高く舞って、そこに降っておりたのかもしれない

はじける

　果実のなかには、成熟して乾くと、まるで銃のようにタネの弾丸を飛ばすものがあります。乾いた莢が反り返ったりねじれたりする力で、勢いよくタネを飛び出させるのです。飛び出したタネは、障害物さえなければ数m、ときには数十mも先まで飛んでいきます。そんな果実は、動物や風などの助けがなくともタネを自分の力で分散させるのです。飛び出すタネは、よけいな付属物がなく、ころころとした丸い形をしています。多少方向が狂っても、球形であればまっすぐに飛んでいきやすいためです。

　子を近くにおいて世話をするほ乳類動物や鳥類などの動物の親と、タネを少しでも遠くへとはじきとばす植物の親。わが子の扱いがずいぶん違っているようにみえます。独り立ちするまで餌を与え、見守ることにより、子は健やかに大きく成長することができるはずです。ではなぜ植物は、あえてわが子を自分から遠ざけようとするのでしょうか。わざわざ果実やタネを包む外皮にさまざまな工夫を凝らし、わが子に旅立ちを強いるのでしょうか。

　それにはいくつかの理由が考えられます。おもな理由のひとつは、植物にとって、親のまわりは危険がいっぱいであることがあげられます。地面に根を張り動くことのできない植物のまわりには、その植物を好んで食べる害虫や病気を起こす病原生物などが集まり、すきあらば攻撃をしかけようとねらっています。体の大きい親は難なくその攻撃をかわすことができたとしても、小さなタネや弱い芽生えは、その餌食になりやすいのです。それどころか、親の陰で芽生えたのでは、光不足で育たないおそれもあります。つまり、親の近くはタネや芽生えにとっては危険地帯なのです。だから植物の親は、わが子を少しも離れた安全な場所に逃がすことに必死になるのです。

　兄弟姉妹間の激しい競争で芽生えが共倒れになることを防ぐ

春たけなわのころ、カラスノエンドウのかわいらしい花が咲いたあと小さな緑の莢（さや）ができた。実が十分に膨らむと莢の色はおもむろに変わっていき、やがて硬く黒い莢となる。その硬い莢がねじれると、ころころした丸いタネが飛び出してくる

▶つりさがったヤマフジの緑色の莢も、次第にあめ色になり、ねじれたかと思うと、勢いよくタネが飛び出した

こともたいせつです。いちどきに何百、何千、何万ものタネができて、それが親の近くでいっせいに芽生えれば、光や水をめぐる争いはどうしても激しいものとなるでしょう。だから、共倒れにならないように、子どもたちをできるだけ散らばらせる必要があるのです。それだけではありません。あちこちにタネが散らばっていれば、どれかが運よく、芽生えの成長に都合のよい条件を備えた「安全な場所」に到達するかもしれません。植物も動物と同じく、わが子の健やかな成長を願い、できるだけのことをしていることに違いはないのです。

　静かな秋の野原に、パンパンパンと小気味よい音が響いています。それはヤブツルアズキやツルマメの莢が弾け、弾丸のように勢いよく飛び出した豆が枯れ葉にあたる音です。晩秋の澄んだ空気が豆の莢をほどよく乾かしたときが、タネたちの旅立ちの時です。

　雑木林で、春だけでなく、夏にも秋にも密かにタネを飛ばしつづけているのはスミレの仲間たちです。春にはおなじみのうす紫色の花が咲いたあとに実が膨らみます。ところが初夏から秋にかけては、花を見かけないのにつぎつぎと実がみのります。それは、目立たない小さな開かずの花が密かについては実になるからです。その開かずの花を「閉鎖花」といい、花開くほうを「開放花」といいます（52ページ参照）。開放花も閉鎖花も、そこからできる実やタネは、見た目も性質にもほとんど違いがありません。

　では、障害物がないとしたら、タネはどのくらい遠くまで飛んでいくのでしょうか。それはつぎのような簡単な実験で調べることができます。雑木林の日だまりから、ほどよく実が乾きはじめたスミレ類の花茎を1本取ってきて、ビンにさし、体育館など屋内の広い空間のまんなかに立てておきます。そのまわりにはスプレーのりを薄く塗った新聞紙を敷き詰めます。そして数日後、莢がすっかりはじけた頃合いを見計らい、新聞紙についているタネをさがして、ひとつひとつスミレを立てておいた中心からの距離を測るのです。そんな実験の結果、コスミレのタネであれば、およそ2〜5mぐらいは飛ぶことがわかります。

◀スミレの実が熟し、莢が割れてタネがはじけ飛ぶ。2時間ほどの出来事だ。このように連続写真にしてみると単純ではあるがじつに精巧なタネを飛ばすしくみがわかるだろう

13

風に乗って

　風で運ばれるタネや果実は特別なしかけをもっています。それは風に乗って親から少しでも遠くに離れるための工夫です。風で遠くへ飛んでいくためには、3つの秘訣があります。

　　　○ゆっくり落ちる
　　　○高い位置から飛び出す
　　　○強い風に乗る

　空気中を漂いながら風に乗って、水平方向に少しでも長い距離を移動するには、着地までの時間をできるだけ長くすればよいのです。強い風に乗ることができればいっそう効果的です。ゆっくりと落ちれば地上に着くまでの時間を稼ぐことができます。高いところから落下すれば、それだけ空気中に長くとどまることができます。風が強ければ強いほど、同じ時間でより遠くまで移動できます。上昇気流に乗って上空に巻き上げられれば、タネはジェット気流に乗ってはるか遠く離れた土地にまで飛んでいくことができるでしょう。

●ゆっくりと落ちる

　ゆっくり落ちるための果実やタネの工夫は、なんといっても空気抵抗を増すことです。空気抵抗が大きければ大きいほど、重力に逆らってタネは空気中に長くとどまることができます。風で飛ぶタネや実のほとんどが、空気抵抗を大きくするためのしくみをもっています。

　それは、タンポポやテイカカズラのタネにみられるような冠毛、カエデやウバユリのタネにみられるような翼、ブーメランのような平坦な形、嵩をますためのコルク質の組織などです。また、特殊な形でなくても、埃のように微細なタネも空気中に長い時間漂っていることができます。そんなしかけをもっているから、ふわりふわり、ひらひら、さらさらと、タネは優雅に舞うのです。

翼をもつクロマツのタネは、プロペラのようにくるくると回りながら飛んでいく。風が強ければ、地上に落ちてしまう前にかなり遠くまでいけるだろう

▶風で運ばれるタネや果実のしかけはさまざまだ。翼をもつもの、毛をもつものなど、構造はずいぶん異なるが、いずれも空気抵抗を大きくして、風に乗って遠くへ飛ぶのに都合のよい形になっている

1　クロマツ
2　シラカバ
3　ウバユリ
4　キリ
5　タンポポ
6　ハルノノゲシ
7　カノコソウ
8　ワタ

1	2
3	4
5	6
7	8

▲春の野に咲くオキナ
グサは、葉と同じよう
に細かい毛を密生させ
た花を少しうつむき加
減に咲かせる。花が終
わると上を向いて茎を
伸ばす。そして、老人
の白髪のような冠毛が
目立つタネを高く掲げ
る

●高い位置から飛び出す

　樹木はこんもりと枝や葉が茂った外側に花を咲かせ、実をみのらせます。それは、高い位置からタネが飛び出すことに役立つだけでなく、風がよく吹くところからタネを飛ばすという意味もあるのです。

　ふだんはほとんど茎を伸ばさないで生活する小さい草も、タネを飛ばすときには茎を長く伸ばしてタネを高くもちあげます。タンポポは、ふだんは葉を地表面近くに放射状に広げています。けれども、花茎を伸ばして花を咲かせ、花が終わるとさらにその茎を伸ばしていっそう高い位置にタネを実らせるのです。

　葉よりも高く、花よりもさらに高くタネを掲げるのは、すこしでも高い位置からタネを飛び出させるという効果だけでなく、風のよく通るところにタネを露出させることにも役立ちます。樹木がおい茂ることなく、風が渡りやすい草原や湿原などでは、十数cm、あるいは数cm高くするだけでも、風に乗るチャンスはずっと高くなるでしょう。風を読む植物たちの感覚は、とても鋭いものといえそうです。

▶時にタンポポはわず
かにしか花茎を伸ばさ
ずに花を咲かせる。け
れどもそのタネが実る
ころには綿帽子を風通
しのよいところにやや
高く掲げている

（次ページ）天高く舞
い上がるセイヨウタン
ポポのタネのパラシュ
ート

●旅立ちの時を慎重に選ぶ

　冬の野原や河原では、冠毛の短い綿帽子（わたぼうし）のタネをつけたまま枯れ（か）てたたずんでいる植物をよく見かけます。風で飛ぶタネをつくりながら、どうしていつまでもタネを飛ばさずに枯れ野（か）の（の）に立ち続けているのでしょうか。

　おそらく、タネを旅立たせるのにふさわしい大風がまだ吹かないのです。遠くにまでわが身を運んでくれる強い風だけに身を任せようと、タネは旅立ちの時を慎重（しんちょう）に見計らっているのです。強い風に乗ることをねらうのであれば、冠毛はそれほど長い必要はありません。

　そうとう長い冠毛をもつタンポポのタネでも、ふーっと強く息を吹きかけるとはじめて飛んでいきます。冠毛をもつタネがついている茎を扇風機（せんぷうき）に次第（しだい）に近づけていき、どのくらい近づくとタネが飛び出すのかを調べることができます。タンポポとノアザミではどちらが飛び出しやすいでしょうか。

▼北アメリカからやってきたオオアレチノギクの短い冠毛はあまり役立ちそうもないようにみえる。しかし、細かいタネは空気抵抗も大きく、種子の移動力はそうとう大きい。微細なタネも風への適応のひとつの形だ

▲ガマは、冠毛のある細かいタネを大量につくり、強い風でなければ飛ばないように穂の形にまとめ、その穂を高く掲げる。風でタネを飛ばす名人中の名人だ。その分散力の大きさが、ガマを世界中に広げているといってもよいだろう

　タネを運ぶ魔法の絨毯ともいえるのが、平らなブーメラン型をしたマメ科植物の莢です。たとえば、河原などにみられるサイカチの莢は、日本で最大のマメの莢です。葉がすっかり落ちたあと、枝には大きな莢がいくつもぶら下がっています。ねじれてタネを飛ばすことはありません。力強く莢を飛び出させるのは強い風だけです。嵐の日が、そのような莢に納められたタネの旅立ちの時です。莢の中にタネをいれたまま枝を離れ、空飛ぶ魔法の絨毯となってタネを運ぶのです。だからチャンスが訪れるまでは、莢が枝から離れることがないように、しっかりと保っておかなければならないのです。台風など大風の吹いた後にサイカチの木のある河原に行ってみましょう。大きなサイカチの莢がタネを乗せてどこまで飛んだのかがわかるでしょう。

水に流れる

　柔らかい綿毛を陽光に輝かせながら柔らかい曲線を描いて水面へと降るヤナギ類のタネ「柳絮」は、のどかな春の風物詩です。水面に浮かぶと、ぬるんだ水の流れがその無数ともいえるタネを運んでいきます。

　水辺は、水の中の植物から進化してきた陸上植物にとって、もっとも古くからの生育場所です。だから、水でタネを分散させることは、太古の昔から植物たちがもっともよくなじんできたやり方なのに違いありません。

　水辺といっても、それは川辺であるかもしれないし、湖や沼の畔、あるいは海につづく入り江であるかもしれません。そんな多様な水辺で生活する植物のどれもが、タネを水に浮かばせて分散させています。

　流れる水にまかせて漂流するときでも、少し流れてすぐに岸に打ち上げられることもあれば、水流に身を任せて、ずいぶん遠くにまで旅することもありそうです。あるいは、波にもてあそばれながら長い間漂っているうちに、どこかの岸辺に打ち上げられるかもしれません。もしタネが落ちた場所が入り江の水辺であれば、水面に漂うタネのなかには、潮に引かれて外洋に出ていくものもあるでしょう。そこで海流に乗れば、まさにタネの冒険というにふさわしい何百kmも何千kmもの長旅が待ち受けているはずです。長旅の末、運のよいタネは、満ちる潮といっしょに異国の静かな入り江にはいっていき、そこで岸辺に打ち上げられます。そこに故郷とよく似た環境があれば、その幸運なタネは芽生えて成長し、やがて繁殖にも成功するでしょう。そうなれば、そこがその植物の新たな生活の拠点となるのです。

　たとえそのようなできごとの起こるチャンスが、何万分の1、何千万分の1というぐらいの、きわめて希なことであったとしても、毎年大量のタネが生産されていれば、やがていつかはそ

（上）少しだけ旅をして、すぐに岸辺に流れ着たハマシオン（下）上陸したら迷うことなくただちに芽を出す

のような運命をたどるタネがでてくるにちがいありません。そうやって植物の新たな分布が広がっていくのです。短い時間の中では偶然（ぐうぜん）にみえることも、長い時間と広い空間を視野に入れてながめてみると、必然であると考えなければならないことが少なくありません。そんなできごとの積み重なりが、植物の歴史、生き物の歴史をつくってきたのではないでしょうか。

　タネや果実にとって水に浮くことはそれほど難しいことではありません。どんな物体でも、水に比べて比重が小さければ水に浮いていることができます。けれども、長時間にわたって水に浮かび続けるためには、水を吸わないように防水が必要です。タネのなかには、コルク質の部分を発達させて比重を軽くしているものや、タネの表面にロウのような物質を出して防水を完璧（かんぺき）にしているものもあります。

　水に浮きやすく、岸辺に打ち上げられやすいタネの形もあります。それは扁平（へんぺい）な形です。湖や沼に生育する水草のアサザのタネは、黒くて平らで、水をはじきやすい毛を生やしています（61ページ参照）。よく水に浮き、岸辺に打ち上げられるまで長い間波に漂っています。

　タネのなかには、水に浮いているうちに芽生え、芽生えが水辺や岸に着地して成長するものもあります。とはいっても、水で運ばれるタネの大部分は、上陸を確認してから芽を出します。では、水に浮かんで旅をするタネは、どのようにしてみずからの上陸を知ることができるのでしょうか。

　どうやらタネは温度を手がかりにして水上にいるのか上陸したかをさぐっているらしいのです。水は熱しにくく冷めにくいため、水温の変化は地面の温度の変化に比べるとずっと小さいものです。だから岸辺に上がったタネは、水に浮いていたときよりも、1日の間にずっと大きな温度の変化にさらされます。地面は昼は日の光で熱せられてあつくなり、夜には冷えてつめたくなるからです。そんな昼夜の温度変化の大きさは、タネがまわりの環境をさぐるたいへんよい手がかりとなります。

◀雪解けの季節の湿原を、水面を光らせながら縦横に流れる豊かな水の流れ。湿原の春を告げる花、ミズバショウのタネは、そんな雪解けの水流に乗って運ばれていく。水に浮かんでいるうちに芽を出して、湿った岸辺に着くとすばやく成長を開始する

ドングリのゆくえ

　親からできるだけ離れたり、広く分散するためであれば、風でも水による分散でもどちらでもかまわないでしょう。けれどももっと欲張って、芽生えの生育に適した安全な場所へ着地することをねらうタネもあります。そのためには、意志をもって自由に動きまわる動物にタネを託さなくてはなりません。

　植物は光合成で有機物を生産して生態系全体を支えています。動物はみな、植物を食べて生活するか、ほかの動物を食べて生活しています。植物にとって、光合成でせっかく稼ぎ出した有機物を食べられてしまうのは困ったことですが、災い転じて福となすしたたかさももっているのが植物です。それでは、植物がタネを動物に運ばせるための巧みな技の数々を紹介しましょう。

●だれがドングリを運ぶのか

　リスやネズミ、カケスやホシガラスなど獣や鳥の中には、餌の不足しがちな冬に備えて秋に餌をためこむ習性をもつものがいます。秋に実るクリやドングリ、ハシバミ、マツの実などの木の実（ナッツ類）は動物たちの貯えとしてとくに人気が高いものです。脂肪分が多く重量あたりのカロリーが高いうえ、水分が少ないため腐りにくく保存がきくからです。動物たちの冬の貯えとして理想的なこれらナッツ類は、冬に備えて餌をためこむ動物たちの習性と深くかかわりながら進化したものです。

　木の実をみのらせる植物の繁殖の成功は、貯えられたものの一部が、食べ残されたり、忘れられたりすることにかかっています。餌を貯える知恵をもちながら、利用しつくすほどに抜け目ないとはいえない動物たち、隠す知恵はあるもののすべてを覚えていられるほどの記憶力はない動物たちが、このタイプのタネの運び手として最適といえます。動物はタネを親木から離れた場所に埋めてくれます。ちょうどいい深さの土の中に潜る

雑木林にすむネズミの
仲間は、クリやドング
リが大好物だ。じょう
ずにくわえて運んでい
き、冬の食料として貯
蔵用の穴にためこむ。
ときには深い穴の中に
ためられることもある

▶このカケスもコナラ
のドングリを埋めてお
いた。冬になって餌が
不足すると掘り出して
食べる。このドングリ
は運悪く食べられてし
まうが、忘れられて首
尾よく芽生えになるも
のもある

◀ミズナラのドングリ
は、本葉が開いてもま
だ子葉にはかなりの貯
蔵物が貯えられていた。
芽生えはどうやら子葉
の貯蔵物を使い果たす
ことはないようだ

などということのできないタネにとって、もし発芽に適した深
さに埋めてもらえれば好都合です。

　動物たちが忘れたり、食べ残すことで樹木の新たな芽生えが
健全に育つことができれば、それは将来たくさんの餌を実らせ
て、動物たちにお返しをしてくれます。忘れっぽい祖先のお陰
で、何世代か後のネズミやリスの子孫たちは、冬の餌を確保す
ることができるのです。また、その地域のナッツ類をためる動
物たちは、協同でナッツ類のなる木を栽培しているといえるか
もしれません。そこには世代を越えた植物と動物の共生関係を
認めることができます。

　ナッツ類には脂肪やデンプンなど、たくさんの貯蔵物が貯え
られています。それは、動物にとって餌として魅力的であると
同時に、大きな芽生えをつくるための貯えとしても重要です。
豊富な貯えをもつタネがつくる大きな芽生えは、無事に生き抜
くうえでも有利だからです。とくに植物が光をめぐって激しく
競いあう場面では、少しでも高い位置に葉を広げることができ
るかどうかが勝敗を決めます。十分な貯えがあれば、大きな芽
生えをつくって競争でも優位に立つことができるのです。

●ドングリはなぜ大きいのか

　ミズナラやコナラなどのドングリに貯えられている栄養は、大きな芽生えをつくるのに役に立つ一方で、貯えが芽生えの成長にすっかり使われてしまうことはないようです。

　しかし、大きなドングリをつくるのは、植物にとってはそうとうに負担が大きいことです。第一に、大きなドングリをつくればそのぶんだけドングリの数を減らさなければなりません。光合成で稼ぎ出した有機物のうちで繁殖に使える量には限りがあるからです。だから、大きくすれば数を犠牲にしなければならないのです。第二に、大きなドングリはそれを食べる害虫などを引き寄せやすいという問題があります。栄養豊富なナッツ類は、害虫たちにとってもとても魅力的な餌です。害虫に食べられてしまっては健全な芽生えをつくることができません。

　それほどまでに大きな犠牲を払って、大きなドングリを少なくつくる方針を選んでいるのはなぜでしょうか。投資した費用に見合う利益がなければ「損得勘定」がつりあわないはずです。その費用を十分に上回る得、つまり、それだけ多く子孫を残せるからに違いありません。

　芽生えが使いきれないほど多くの栄養をためているドングリですが、その分不相応な大きさは、ドングリを運ぶ動物たちへのアピールであると考えるとうまく説明ができます。餌は大きいに越したことはありません。リスやネズミたちが容易に運べて、しかもごちそうとして十分に魅力のある大きさが実際のドングリの大きさになっているのではないでしょうか。

　そのような大きなコストをかけてまで、ドングリは親木から離れなければならないのでしょうか。動物が運ぶことなく親木の下に落下したドングリは、どんな運命をたどるのでしょうか。ほんとうに親のまわりは危険がいっぱいなのでしょうか。動物が運んだものよりも、腐りやすかったり虫に食べられやすかったりするのでしょうか。こういったことをよく調べてみる必要がありそうです。ドングリのひとつひとつに印をつけてその運命をそっと追ってみるのです。

▶クヌギのドングリが実るころ、強風で梢が揺らされるたびにドングリが飛び散る。10m以上飛ばされることもある。風の力によっても親から十分遠くに到達することができそうだ

●むだに食べられないための工夫

　ナッツ類に貯えられた栄養は、それを運んでくれる動物を誘惑するのになくてはならないものです。しかしその反面、高い栄養価は運び手の動物だけでなく、昆虫も含めてたくさんの動物たちを引き寄せます。栄養だけを失敬しようという動物たちです。その代表ともいえるシギゾウムシの仲間は、ドングリの中に卵を産みつけ、幼虫がその栄養を食べながら成長します。

　コナラやミズナラのドングリは、地面に落ちて水分を十分に吸うと秋のうちに根を出して栄養を根に移してしまいます。そうして冬を越し、春になると葉や茎を出します。発芽に必要な分だけ貯えを根に移すことで害虫などに横取りされないようにする作戦なのでしょうか。

　ナッツ類をつくる樹木は、毎年同じように実をみのらせず、年によって実の生産量を大きく変化させます。同じ地域の多くの樹木がいっせいに実をつける豊作の年を成り年といいます。成り年には、動物や害虫が食べきれないほど大量の実が生産され、翌年には食べ残された実から多くの芽生えが出ます。その後にはほとんど実がみのらない凶作の年がきます。餌の豊富な成り年のあとに数を増やした動物や害虫も、兵糧攻めにあって死んだり子作りできず、元の数に戻ります。植物はそうやって、木の実を食べる動物や害虫たちが増えすぎないようにコントロールしているらしいのです。ただし、それにはある地域のナッツ類をつくるおもな植物がいっせいに実ったり、実らなかったりしなければなりません。地域の植物が協同で、動物や昆虫の数を餌の量でコントロールし、何年かに一度ずつは確実に芽生えを生き残らせているともいえるのかもしれません。

　明るい春の落葉樹林の下でミズナラの芽生えが萌葱色の若葉を輝かせています。母樹を離れてからドングリは、なんども危険な目に遭いながらもそこにたどりつき、無事に芽生え、いまここにようやくしっかりと根を下ろし葉を広げているのです。いっしょに実った何百何千ものドングリたちの大部分が、動物に食べられたり腐ったりして芽生えになれなかったことを考えれば、それは奇跡ともいえる幸運かもしれません。

◀コナラの芽生えは秋のうちにしっかりと根を下ろし、春になると茎や葉を展開させる。地中深くのびた根は、多少の乾燥が続くときにも芽生えに水分を確実に供給するのに役立つ

●ドングリの災難と豊かな生態系

　実ったドングリのほとんどは芽生えになることなく死んでしまいます。けれども、それら不運なドングリたちの死はけっしてむだではありません。死んだドングリの中には、餌となって動物や昆虫の命を支えたものもあるでしょう。ドングリを餌として食べた動物たちの糞は、肥料となって森の植物たちの成長を助けるはずです。ドングリの中身を食べて成長した昆虫の幼虫を、親鳥がついばんで巣に持ち帰り雛の餌とするかもしれません。

　ドングリに貯えられた太陽のエネルギーは、それを食べた動物に活動に必要なエネルギーを提供し、「食べる－食べられる」関係を通じて動物の体を転々としながら生態系の中を流れていくのです。

　水におぼれて腐ったドングリもけっしてむだにはなりません。微生物の働きで分解され、分解しにくい物質は川の水に溶けて海に流れ込み、もしかするとそれは海の生態系を豊かにするのに役立っているかもしれないのです。

◀ニホンザルは見つけたドングリを残さず食べてしまう。ドングリを貯える行為をしないサルは種子の運び手としての役割を果たすことはできない

▶ドングリの中から穴
をあけて虫が出てきた。
母樹についているうち
からドングリにはいろ
いろな害虫が卵を産み
つける。幼虫たちはド
ングリの栄養を食べて
育つ。虫のはいったド
ングリの割合はそうと
う高い

▶水に落ちたドングリ
はやがて腐ってしまう
だろう。ほかにもいろ
いろな事故がドングリ
を待ちかまえている

木の実と鳥

▶赤や黒い色は鳥を引きつける効果が大きいという。ヒヨドリも赤いサルトリイバラの実を好んでついばむ

●鳥好みの色と大きさの木の実

　日本の森には小鳥がついばむのにちょうどよいくらいの小さな果実をつける低木が多くあります。それらは熟すと果皮が赤、赤紫、黒などに色づきます。赤、黒、あるいは赤と黒の組合せは、鳥を誘うよい刺激になるといわれています。

　鳥は木の実をついばんで丸飲みにします。鳥にタネの運び手を任せるためには、ちょうどよい大きさの果実の中にタネを納めることが肝心です。あまり小さくては餌としての魅力にとぼしいし、くちばしを広げてもくわえられない大きさでは敬遠されてしまいます。

　木の実の運び手としては、照葉樹林にも、落葉樹林にも、市街地にも多いヒヨドリが重要な役割を果たしています。多くの木や草の実はヒヨドリの口にあう大きさになっています。

◀木の実の大きさと鳥のくちばしのサイズはぴったりあう。ナンテンの実をついばむにもジョウビタキのくちばしの大きさはちょうどいい

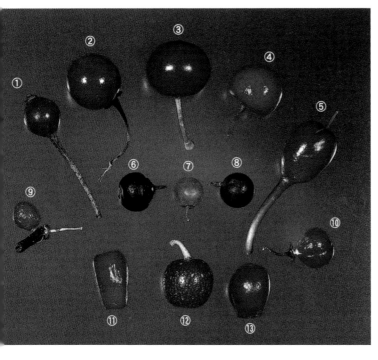

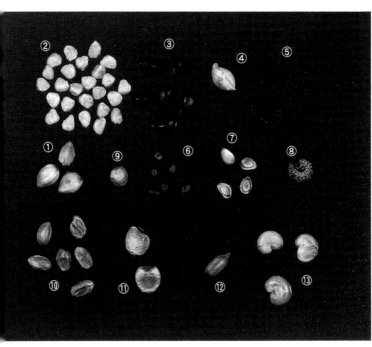

●木の実の中のタネ

　木の実の中には大きなタネが1つだけ含まれていることもあれば、小さなタネがたくさんはいっていることもあります。それによって鳥の食べ方も、タネの運命もずいぶん大きく違ってきます。

　大きなタネが1つはいっている実を食べたとき、鳥はその場でタネを吐き出し、つぎからつぎへと新しい実を食べるでしょう。空を飛ぶために身軽でなくてはならない鳥は、消化できないものをお腹にはためておかない主義なのです。おいしい実のみのる木の近くでは、それを食べにくる鳥を餌にしようとねらう動物が茂みに隠れて待ち伏せしているかもしれません。そんな気配があれば、数個の果実をほおばってそこから逃れなければなりません。そんな時は少し離れた見晴らしのよい梢に飛んでいき、そこでまわりに注意を払いながら落ち着いて木の実を食べることでしょう。タネはそこで吐き出され、止まり木のまわりにまき散らされます。鳥がそんな食べ方をすると、タネの多くはどちらかというと親木の近くに落ちることになります。植物が少しずつ分布を拡大していく場合には、そんなタネの散らばり方もけっこう都合がよいのかもしれません。

　キイチゴの実のように中に細かいタネがたくさんはいっていると、鳥はそれをいちいち吐き出すようなことはせずに、果肉といっしょに飲み込んでしまいます。私たちがキウイやイチゴを食べるときと同じです。小さなタネは鳥の消化管に納まって運ばれ、そして糞といっしょに排出されるのです。

　果実の中に1つだけはいっている場合にはタネも大きく、そのタネからは大きくなる芽生えが出てきます。栄養の貯えが十分な大きな芽生えは多少は暗いところにも耐えられるので、親木の陰でも育つことができるはずです。1つの果実にたくさんのタネが含まれている場合は、それぞれのタネは小さく芽生えも小さいものです。糞としていっしょに排出されれば、芽生えは密集してしまいます。そんな芽生えはかなり明るいところでなければ元気に育つことはできません。鳥がどこで糞をするかによっても、芽生えの運命は大きく左右されるでしょう。

●ヤドリギの粘り腰

　木の実を食べた鳥がどこで糞をするか、それによっていった
ん消化管に納められたタネがどこに落とされるかが決まりま
す。

　草原の中に1本の木が生えています。よく見るとそのまわり
には、エノキやイボタノキなど、鳥の好きな実をつける木の芽
生えがたくさん生えています。そういえば、横に張り出した枝
にはよくヒヨドリが止まっていました。ヒヨドリは、少し離れ
た林の中で木の実を食べてから、その枝にやってきては糞をし
ます。やがて下に落ちた糞の中のタネが芽生え、順調に育った
というわけなのです。

　木の枝について寄生生活をするヤドリギも、鳥の好む果実の
中にタネをつくります。果実を食べた鳥は、そのタネを消化管
の中に納めて木の枝にやってきます。そしてお決まりの糞です。
ヤドリギのタネは、ねばねばした粘液で包まれています。その
粘液もそのままタネといっしょに排泄されます。そのべっとり
とした粘液のおかげで、タネは地面に落ちてしまわず、みごと
枝にくっつくことができるのです。粘液には水を保つ作用もあ
るので、木の上という空中でヤドリギが芽生えるのにも好都合
です。

　では、鳥の消化管に納められて運ばれるタネは、どのくらい
の距離を移動することができるのでしょうか。それを決めるの

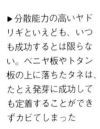

◀ヤドリギの実の粘液は、タネをじょうずに木の枝に付着させる。いったん宙ぶらりんになったタネでさえ、風が助けてくれたので無事、枝にくっついた。発芽した後も、粘液は根を乾燥から守るはたらきをする

は、鳥が木の実を食べてから糞をするまでの時間と、その時間に鳥が移動する距離の両方です。

重力に逆らって空を飛ぶ鳥にとって、体を軽くしておくことはとてもたいせつです。いずれ排泄するものを消化管に長くとどめておくことは禁物です。消化すべきものを消化したら、残りは糞にしてさっさと排出してしまいます。鳥によって、またなにを食べたかによって違いますが、数分後、あるいは十数分後には糞にしてすっかり出してしまうようです。だからタネは、鳥が木の実を食べた場所からそれほど遠くにまでは運ばれません。たとえばヒヨドリなら、タネの分散距離はせいぜい数百mぐらいのようです。

小鳥たちは、飛びながら糞をするよりは見晴らしのよい木の枝などで落ち着いて糞をするほうを好むようです。伐採などで森の中に広い空き地ができたとき、小鳥の止まり木になるような木や低木が1本生えてくると、そのまわりには鳥の糞といっしょにタネが落ちやすくなります。それらが芽生えると、そこには鳥の好きな実をつける木がいっせいに増えてきます。そうなると空き地の植生（植物の組成や規模）が回復するスピードは一気に速まるのです。

タネを運ぶ鳥たちは、木の実だけを食べているわけではありません。とくに子育てのときには、タンパク質の豊富な虫の幼虫などが餌として必要です。樹木にとっては迷惑な害虫も、タネを運ぶ鳥たちにとっては良質な餌となります。葉を害虫に食べられることも、まわり回って後のタネまきに役立っているといえそうです。

▶分散能力の高いヤドリギといえども、いつも成功するとは限らない。ベニヤ板やトタン板の上に落ちたタネは、たとえ発芽に成功しても定着することができずカビてしまった

動物を利用する

●みずみずしい果物のなかのタネ

　わたしたちヒトは甘くみずみずしい果物が大好きです。日本列島には、ヒト以外にもそんな果物を好むほ乳動物が住んでいます。ニホンザルとクマです。動物たちは、果物からはエネルギー源の糖分と水分を同時に摂ることができます。糖分も水分も、動物が活発に体を動かしたときに補給が必要なものです。

　比較的体の大きいこれらのほ乳動物の食欲を満たし、のどの乾きを癒すには、果物はある程度大きくなくてはなりません。大きくみずみずしい果物のなかにタネを潜ませている植物は、体の大きなほ乳動物たちにタネを運ばせることをねらっています。カキ、ヤマモモ、ヤマブドウ、柑橘類、サルナシ、ビワなどが甘くみずみずしい果物で動物を誘います。

タイなどの東南アジアに生えるジャックフルーツ（別名カヌーン）は、どんな動物の食欲を満たすためにこんな大きな実をつけるようになったのだろうか

ニホンザルはカキが大
好物だ。厳しい冬を乗
り切るために秋にたら
ふく食べる。サルの移
動に伴って、タネはほ
うぼうにまかれること
になる

　ビワのように、果物の中に大きなタネが少しだけはいってい
れば、動物はそれを吐き出しながら食べます。サルナシのよう
に小さなタネが多数はいっているときには、果肉とともに飲み
こんでしまうでしょう。その場合、タネは消化管を通ってから
排出されることになります。消化管を通過すれば肥料つきでタ
ネまきをしてもらえるし、体の中を通る時間の分、運ばれる距
離が長くなるので、植物にとってはいっそう好都合です。
　中央アメリカに大きな果物を実らせる野生の樹木があります。
けれどもいまはその大きさに見合う動物がみつかりません。そ
れらの果物は、アメリカ大陸にマストドンやマンモスなどの大
型ほ乳類が闊歩していた数十万年以上前に、巨大な動物たちの
ための果物として進化したものらしいのです。そのような動物
が滅んでしまい、果物だけがかつてあった生物たちとのきずな
の証として、化石のように残されているのだという説（メガフ

ファウナ-フルーツ説）があります。

　大きな果物といっても、いま私たちが栽培して食べている果物ほど大きなものを野生の植物はつくりません。ヒトは、品種改良によって巨大な果物をつくりだしてしまうほど大の果物好きの動物なのです。

　ですから狩猟採集時代のヒトは、果物をつくる植物にとってとてもありがたいタネの運び手だったようです。サルナシやヤマブドウなどを採集したヒトは、タネを吐き出したり落とし物にしたりして居住地の近くに分散させました。そればかりか、森に火を放って好きな果物をたくさん採集できる薮を増やすことまでしていたようです。縄文時代の遺跡から発掘されたタネは、そんなヒトと果物をつくる植物との関係をうかがわせてくれます。果物の進化には、他のサルたちと同様、ヒトもそうとう大きな影響を及ぼしたに違いありません。

タヌキもカキをよく食べる。タヌキのためフンからはカキやイチョウなどの芽生えが出ていることがよくある

ウマやウシなどに葉先を食べられると、多くの植物は成長点を食べられてしまって生育できないが、シバやその他の牧草は、成長点が葉の下の根元にあるので成長できる。おまけにタネまきまでしてもらい、おたがいうまくやっているといえる

●葉といっしょに食べられて

　シバは、葉が茂っているときにその葉に混ざって実をつけます。ウマやウシなどの草食動物が葉を食べると、タネもいっしょに食べられます。タネは硬い皮をかぶっていて、動物の長い消化管の中でも消化されることなく糞といっしょに排出されます。肥料つきでタネまきをしてもらっているようなものです。これも植物にとっては都合のよいタネの分散方法といえ、この場合、葉がおいしい果物のかわりをすることになるのです。最近増えているシカは、牧草のタネを広げます。

　動物の消化管を介して運搬されるタネの多くは、消化管を通らないと発芽しにくい性質を持っています。それは、タネが消化されてしまわないために丈夫な外皮をもっていることとも関係があるのです。それらのタネは、外側の硬い皮が消化管の中で多少痛めつけられることによって柔らかくならないと、芽が出ることができないのです。

食べられたあとのタネ

●糞と芽生え

　動物の落としもの、糞といっしょにタネまきされるタネには解決しなければならない問題がふたつあります。第一に、消化管の中で消化されてしまわないようにしなければならないこと、第二に、多様な微生物が盛んに活動している糞の中でしばらく過ごしてから、その中で芽生えにならなければならないということです。

　まず、果実は柔らかく腐りやすくても、タネは丈夫で腐りにくいものでなければなりません。実際、糞といっしょにまかれるタネは、消化されにくい硬い殻をかぶっており、果実がすっかり消化されてもタネはほぼそのままの形で排出されます。またタネは抗菌物質や毒などを含んでおり、微生物に分解されたり、タネそのものが食べられてしまうことを防いでいます。糞の中に排出されるタネから生じる芽生えも、そんな化学的な防御によって腐るのを防いでいるらしいのです。

　大きなほ乳動物向きの果実を進化させた植物には、ほかにも解決しなければならない難しい問題があります。同じ果実の中に含まれていたタネから芽生える兄弟姉妹たちが、糞の中でいっせいに芽生えるという問題です。せっかく親からは遠く離れることができたとしても、兄弟同士が激しく競争して、共倒れしたのではなんにもなりません。ところが、それに対して意外な解決法をみつけた植物たちもいます。それは芽生えの合体です。ウリ科の植物では、芽生えたちが競争で共倒れになるどころか、いっしょに発芽した芽生えたちがくっつきあってひとつとなり、力を合わせて大きく成長することもあるのです。ウリ科の植物がもっている芽生えが合体しやすい性質は、接ぎ木の技術として農業で利用されています。たとえば、土壌の病害を避けるために、キュウリの苗をカボチャの台木に接いで栽培されています。

▶鳥だけでなく、イタチやテン、アナグマやタヌキなどの小動物も、タネをまく重要な役割を担っている

1　ノブドウ
2　ウメモドキ
3　シロダモ
4　ノイバラ
5　ムラサキシキブ
6　ノイバラとタチバナモドキ
7　ヤマハゼ
　　（キツネの糞）
8　ヤマハゼ
　　（アナグマの糞）
9　ヤマハゼ
　　（ヒヨドリの糞）
10　カタバミ
11　ツルウメモドキ
12　サルトリイバラ

1	2	3
4	5	6
7	8	9
10	11	12

49

ノイバラの芽生え。
11月に鳥にタネまき
されてからおよそ4カ
月で芽生えた。4日め
で二葉が出て、20日
目には本葉が出

●運ばれたタネのたいせつな役割

　糞に混ざって運ばれたタネが、運よく光や水などの条件に恵
まれた場所に落とされたとします。タネは、発芽に適した季節
が訪れると芽生えて成長を始めるでしょう。糞がほどよい肥料
になるので、光や水に不足しなければ、芽生えの成長はめざま
しいはずです。伐採跡地や山火事跡、林の縁などには、ノイバ
ラ、キイチゴ類など、鳥や獣の糞から芽生える植物がよく見ら
れます。糞から芽生えるそれらのタネにはとてもたいせつな役
割があります。

　森でも草原でも湿原でも、いったんそこの植生が失われたあ
とにどのくらいの速さでどんな植生が回復するかを決めるのは、
その場にタネや再生能力のある地下茎などがどのくらい残され
ているか、そして風や鳥や獣によって新たなタネがどのように
もちこまれてくるかにもよります。

　周辺にどのような森や草原や湿原が広がっているか、どんな
鳥や獣が住んでいるかによっても、回復する植生やそのスピー

ドにも大きな違いが生じるはずです。今日のように、森も草原も湿原も開発によってそれぞれが小さく分断されて孤立してしまうと、タネの供給源となる周囲の植生がとぼしいものになります。しかも、タネの運び手となる獣や鳥も少なくなり、その移動が妨げられがちです。そうなると、伐採などで新たにできた植生のすき間（ギャップ）にタネを十分に供給することが難しくなります。それに対して、風でタネを分散させるキク科の外来種などは、市街地や空き地などにも群生しているのでタネの供給源がふんだんにあります。しかも、開けた場所が増えて風によるタネの分散がいっそうたやすくなっているため、明るい立地には外来種のタネがいち早くはいってきます。

かつて当たり前だったこと、鳥や獣にタネまきを頼る植物がタネを分散させ、そこで芽生えて増え、生産されたタネがまた別の場所に運ばれて新たな植生の成立を助けるという、何万年も何十万年も続いてきた植物の時間と空間を股にかけた営みが、開発の進んだ現在では難しくなってしまいました。

小さな芽生えのそばに、鳥や動物の糞の跡が見つかることがある。きっと、糞の主がタネを運んだに違いない

1 ツルウメモドキ
2 ヤマハゼ
3 フユイチゴ
4 エノキ
5 カキ
6 ムラサキシキブ

1	2	3
4	5	6

アリが運ぶタネ

●タネはアリのごちそうをのせたお盆

　春はスミレの季節です。明るいカラマツ林の伐採跡地などで
は、地面が一面うす紫色に染まるほど、たくさんのタチツボス
ミレの花が咲いています。花が終わるとやがて莢が膨らみ、莢
が乾けばタネがはじけて飛ばされます。

　気をつけて見ると、花が咲き終わってからだいぶ時間がたっ
た夏や秋口になっても、花が咲いた気配はないのに実ができて
います。それはけっして咲くことのない花、小さなつぼみのよ
うな閉鎖花（へいさか）が実ったのです。閉鎖花のなかでは自家受粉で確実
にタネができます。ふつうの花、開放花（かいほうか）でつくられるタネと閉
鎖花でつくられるタネは、大きさも見た目もほとんど変わりま

タチツボスミレの花は、
春先から梅雨入りまで
長い間咲いていること
が多い

（左）タチツボスミレの
閉鎖花は、花とはいっ
てもけっして咲くこと
はない（右上）自家受
粉してタネを実らせる
（右下）中にびっしりと
つまったタネには、小
さなエライオゾームが
ついているのがわかる

せん。ただひとつの違いは、閉鎖花からできるタネは父親も母
親も同じ株なので、遺伝的な変異がとぼしいことです。
　どのスミレのタネにも、よく見ると小さな白い粒（つぶ）がついてい
ます。それはエライオゾームと呼ばれるアリのごちそうです。
スミレのタネは、脂肪酸（しぼうさん）を多く含むアリの大好きな餌をつけて
いるのです。アリはスミレのタネを、まるでごちそうをのせた
お盆（ぼん）のようにたいせつに巣へ運んでいきます。スミレはどうし
てアリの餌をつけたタネをつくるのでしょうか。アリはどうし
てエライオゾームだけをタネから外して巣に運んでいかないの
でしょうか。
　タチツボスミレのタネからエライオゾームを外してタネだけ
にしたり、エライオゾームだけにして、どれがいちばんよくア
リに運ばれるかを調べてみました。用意したものをアリの巣の
近くにおいて観察してみると、エライオゾームつきのタネがい
ちばん好まれることがわかります。アリはごちそうをお盆にの
せて運ぶのが好きなようです。ごちそうだけをさらっていくほ
ど無礼ではないのです。

▲アリがノジスミレの
タネを運んでいる。ス
ミレのタネの好きなア
リはタネを見つけると
巣の中に運び込む。タ
ネは栄養分に富んだ肥
料たっぷりのオアシス
で芽生えることを約束
される

●光と栄養を求めてタネは旅する

　アリが巣に運んでいったタネはその後どのような運命をたど
るのでしょうか。もちろん、アリは餌としてエライオゾームを
食べてしまいます。エライオゾームがなくなれば、アリにとっ
てタネはもはや無用の長物です。大きくてかさばるので、巣の
中に置いておけばじゃまになります。そこで翌日には、巣から
運び出されて巣の近くのゴミために捨てられるのです。

　スミレの仲間はなぜ、特別のごちそうまで用意をしてアリに
タネを運んでもらうのでしょうか。アリのゴミために行き着く
ことがそんなにたいせつなことなのでしょうか。莢がねじれて
飛んだタネのほうがずっと遠くまで飛んでいくことができます。
だから、親から遠く離れることはどうやら二の次のようです。

　林の中の日だまり、ギャップは、樹木の成長などによって移
ろいやすい環境です。暗くなってしまった場所から新たにでき
たギャップへと、巣を移すアリにタネを運んでもらえれば好都
合です。どうやらスミレ類のタネをよく運ぶのは、ギャップに
巣をつくるアリの仲間のようです。アリを種子の運び手として
選んだスミレ類は、多少のコストをかけて特別製の餌を用意し
ても、その見返りが十分にえられるでしょう。

▶日だまりの木の幹に
コスミレの小さいけれ
どもはなやかな花束。
このフラワーアレンジ
メントは、アリの作品
に違いない。おそらく
この幹にはアリの巣が
あり、そこがアリのゴ
みためだったのだ

ヒッチハイクするタネ

●くっつくタネ

　タネの運び手に運賃を払わずに、まるでヒッチハイクをするように動物の体に付着して運ばれるタネもあります。草原の植物や林の下草のなかにはそのような植物が少なくないのです。コストのかかる果実を用意することなく、カギや毛や粘液などをまわりにつけておくだけでよいので、植物にとっては安上がりな分散方法です。ほ乳動物の毛皮につくのであれば、表面にわずかにトゲやカギなどをつけておくだけです。あるいは表面にべとべとする粘液を少量つければ、「くっつき虫」としての効果は抜群です。ただし毛皮にくっついてヒッチハイクするに

◀秋の雑木林の中を少し歩いてきたら、チヂミザサやヌスビトハギなど、何種類ものタネがついてしまった

カギ、トゲ、粘着質な
ど、さまざまな手段で
動物の毛皮や人の衣服
にくっつくタネのいろ
いろ
1　オナミモ
2　ヌスビトハギ
3　チヂミザサ
4　アメリカセンダン
　　グサ

1	2
3	4

は、動物が歩くときに腹や脚などに触れる高さにタネを掲げて
おかなければなりません。だから、この方法を利用できるのは、
おもに草に限られることになります。
　ウールのズボンをはいて秋の野原や河原を散策してみれば、
この分散法がいかに有効なものであるかがすぐわかるはずです。
オナミモやイノコズチはカギ状の突起で、チヂミザサは粘着性
の物質で動物の毛皮やズボンに付着します。しっかり毛にから
みついたタネは簡単には落ちることなく、結局、動物が毛づく
ろいする場所（あるいはヒトがズボンからタネを払う場所）でよ
うやく地面に落とされます。そんなタネをつくる植物のなかに
は、輸入される羊毛について外来種として日本にはいってきた
ものもあります。

●究極のヒッチハイク

　もっとも高度な分散の技をもつのは、ほとんどなんのしかけ
ももたないのに、ヒッチハイクで世界を股にかけて長距離旅行
をするタネたちです。それはなんの変哲もない埃のような細か
いタネです。そんなタネが泥に混ざれば、獣の足やひづめ、鳥
の脚や水かきについて運ばれます。なかには、ちょっとしたし
かけをもつものもあります。湿るとタネのまわりに粘液状のも
のがしみだすのです。粘液が乾けば、タネは固まった泥といっ
しょにしっかりと足にノリづけされ、ちょっとやそっとのこと
では落ちなくなります。

　水を飲みにくる動物たちが集まる水場や、水鳥たちが歩き回
る水辺の露出した泥の地面には、あちこちに獣や鳥の足跡が見
られます。足跡を残した獣や鳥たちの足には、必ず少しは土が
ついたはずです。土は乾くと固くなって落ちにくいので、湿っ
た泥といっしょに足についたタネもしばらく足の裏についたま
までです。タネが泥といっしょにはがれ落ちるのは、その獣か鳥

スズメノテッポウは人
家の周辺や畑、道ばた
など、平野部のいたる
ところに生えている雑
草だ。北半球の温帯域
に広く分布するのも、
タネがばらまかれやす
い性質のためだ

オオバコも世界中に分布している種（コスモポリタン）の代表的なひとつだ。オオバコの仲間は世界各地の海岸から高山、乾燥地から湿地までさまざまな環境に生育している。学名のPlantagoは「足の裏で運ぶ」という意味。果実（上）とそのアップ（下）

がまた浅い水辺や湿った土の上を歩くときです。

　直立歩行をするヒトの足裏は、体重比でみると、他の動物とは比べものにならないぐらい大きなものです。そこでこのタイプのタネの運び屋として、昔も今もヒトはもっとも適した動物といえます。ヒトの人口は時代とともに急速に増加し、行動範囲_{こうどうはん}もどんどん広がりました。それにともない、泥に混ざって足裏についたタネは、ますます有効に分散されるようになってきました。さらに、タネが付着するのは足裏だけではなく、底がでこぼこした靴や乗り物の車輪などになり、泥といっしょにタネが付着する面積と量がいっそう増えました。ヒトの行く場所ならいまでは地球上のどこにでも見られる、オオバコ、スズメノテッポウ、スズメノカタビラなどは、このタイプの分散法がいかに効率よいものであるかを物語っています。

●水鳥による地球規模のタネ散布

　ヒッチハイクするタネは、ときには非常に遠くまで運ばれることもあります。渡り鳥たちは、ある湿地から何千kmも離れた別の湿地へと定期的に旅をします。しかも何万羽、何十万羽もの渡り鳥が遠く離れた湿地の間を往復しています。その羽毛にからまったり、水かきに泥といっしょに付着すれば、水草や水辺の植物のタネも、同じように長距離の旅をすることができるでしょう。地球規模で湿地を結ぶ生き物の雄大なネットワークは、水鳥の渡りとタネのヒッチハイクによってつくられているのではないでしょうか。

　水鳥の水かきには泥といっしょにどのようなタネがついているのでしょうか。羽にはタネがからまっているのでしょうか。じつは、これまでほとんど調べられていないようです。

ヒシクイは水草のヒシの葉や実、根などを食べる渡り鳥で、夏はシベリアから北欧にかけての広い範囲で過ごし、冬は日本から南欧にかけての中緯度地帯の湖沼や湿地などで過ごす。羽にからまったり、水かきに土といっしょについて旅をするタネもあるにちがいない

▶アサザは、平たく毛の生えた水によく浮かぶタネをつくる（下）。同じ湖沼の中では水による分散が主だが、長い年月の中では、タネが鳥によって遠くの湖沼に運ばれるようなこともあるのかもしれない

タネか果実か

　タネ、つまり種子の中には、のちに芽生えに発達する胚と芽生えの成長に使われる貯えであるでんぷんや脂肪などが含まれ、外側はそれらを保護する丈夫な種皮が包んでいます。その種子全体が果実の中に含まれています。果実は受精後に子房が発達したもので、種子が分散されやすいようにじつに多様なものに変化しています。

　大きくて固いココナッツ、毎日の食卓にのぼるキュウリやサヤエンドウ、おつまみに人気のあるナッツ類（乾果）、種子を含んだホウセンカの莢など、それらはみな正真正銘の果実です。ところが、果実という言葉がいちばんぴったりくるリンゴやイチゴなどは、植物学的には本物の果実ではなく、偽果と呼ばれています。どうして偽物なのかというと、その果肉は子房の一部が発達したものではなく、花の根元の部分「花托」が膨らんだものだからです。またミカンやオレンジも、たくさんの果実「袋果」が集まってできた複合果です

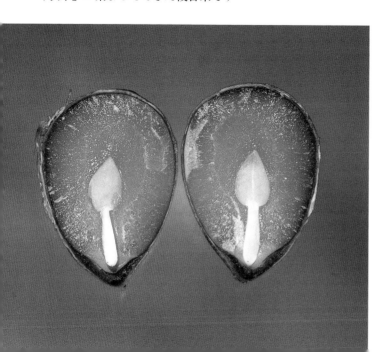

▶果実は子房が発達したもの。果皮が果肉を包み、そのなかに種子が納められている。種子は胚珠（はいしゅ）が発達したもので、芽生えに発達する胚と貯蔵物質などを種皮が包んでいる。植物学的には明確な区別があるが、どれがなにかは外見だけではわかりにくい

1　タンポポの果実
2　痩果（そうか）と呼ばれる
3　種子は果皮をまとっている
4　ヤマモミジの果実は翼果（よくか）
5　果実の先端をカットすると
6　中から種子が出てくる
7　モモは偽果
8　中にあるタネは石果（せきか）と呼ばれる
9　石果を割ると種子が入っている
10　ナワシロイチゴは集合果
11　果実は22粒あった
12　果実内の種子

1	2	3
4	5	6
7	8	9
10	11	12

＊この本では種子だけなく痩果なども便宜的にタネと呼ぶ

◀カキのタネは、外側を種皮がおおい、まんなかの胚を包むように脂肪が満ちている

2
タネの目覚め

　タネが落ちた場所がその植物の生育にふさわしい場所であれば、なるべく早く芽生えるにこしたことはありません。早く大きくなれば競争に有利だし、厳しい環境条件にも耐えやすいからです。けれども、それよりもたいせつなことは、芽生えるタイミングを見きわめることです。

　成長すると大木になる樹木、地下茎で野原中に広がるようなたくましい草も、発芽直後の芽生えは小さくか弱いものです。日照りで地面が乾けば干からびてしまうし、霜が降りれば凍ってしまいます。虫に食べられたりカビに腐らされたりして死ぬ芽生えも少なくないのです。芽生えの時代は植物の一生でもっとも多くの危険にさらされるときです。危険は、季節や時期によって変化します。だから、その場所でいつ芽生えるかは、タネにとって、芽生えになってからの生死を分ける重大事です。

◀クリの芽生え。子葉にたくさんの栄養をためたクリが芽生えるのは、ほどよく地面が温められる季節だ

芽生えるタイミングをはかる

　タネは丈夫な種皮で包まれていて、低温や高温、乾燥などの悪条件にも耐えることができます。水をかぶったり、土に埋まったりしても生き続けることができます。ところが芽生えはそうはいきません。みずみずしく弱い芽生えは、乾燥も、極端な温度も苦手です。踏まれても、土に埋まっても、水におぼれても、あっけなく死んでしまいます。カビや細菌による病気にもかかりやすいのです。そんな芽生えが生き残るのは、ほんとうにたいへんなことです。

　丈夫で危険の少ないタネから抜け出し、多くの危険にさらされる芽生えになることは、とても大きな賭なのです。タネは、まわりの環境を慎重にさぐりながら、芽生えのタイミングを見計らいます。

　タネが環境をさぐるのに役立つのは、休眠と発芽の生理的な特性です。それは動くことのできない植物が環境をさぐるしくみで、タネの大きさや形に負けず劣らず多様です。どんな場所でいつ発芽するのか、なにを合図にして芽生えるのかは、植物の種類によってさまざまです。

同じ場所にいくつかタネがまかれると、芽生えたときから競争が始まる。そのようなタネはおたがい兄弟どうしであることが多い。ハマゴウが好む海岸沿いの砂浜は栄養がとぼしく塩分が多すぎる厳しい環境である。少しでも早く大きくなったほうが競争には有利だ

春先の芽生えの大敵は
霜や霜柱だ。芽生えの
タイミングが早すぎる
と霜にやられてしまう

ヨトウムシがアサガオ
の芽生えをかじってし
まった。再生する可能
性はない

小さな芽生えにとって、
生きていくうえで障害
となるものはあまりに
多い。このエノコログ
サの芽生えが無事に生
きていくことができる
かは、レンガがさえぎ
る日射量に大きく左右
されるだろう

春に芽生える

　寒く厳しい冬が去り、暖かく穏やかな日が多くなる春は、温帯の多くの植物にとって、芽生えるのにもっとも適した季節です。まわりの植物も冬には葉を落とし、まだそれほど多くの葉を茂らせていません。落葉樹林でも草原でも、春の早い時期ならば地面の近くまで光がはいり、芽生えも十分な光を受けることができます。

　新葉に乱反射する光がまぶしいミズナラ林の日だまりに、小さなサクラソウが芽生えました。芽生えは、日だまりで落ち葉がたまっていないところにだけ見られます。それは、湿ったタネが低温を経験した後、適度な温度変化にあうと休眠から覚める性質をもっているからです。日の光が届き、落ち葉におおわれていない地面のほどよい昼夜の温度差により、サクラソウのタネは、芽生えの成長に適した時と場所であることを知って、春の日だまりで発芽するのです。

小さな小さな土塊のようなサクラソウのタネ。その芽生えひとつひとつから、運がよければ何十㎡にも株が広がることもある。しかし、成功するのはそのごくわずか、万に一つの果報者が、数十年、数百年をかけて大きく広がった株に成長する

◀春の日ざしをあびて、ブナの森に新しい芽が出た。親木になるまでの数十年を、無事に生き抜くことができるだろうか

●春に芽生える木の芽生え

　温帯では、春から夏にかけてが樹木の芽生えの季節です。木々がつぎつぎに新葉を開き、林全体が新緑につつまれる木の芽どきには、足下でも、落ち葉のすき間、コケの間、切り株の上など、思い思いの場所から小さい木の芽生えが顔を出します。タネは春の訪れ（おとず）をどのようにして知るのでしょうか。

　多くの樹木のタネは、湿った状態で低温にさらされると（通常10℃以下、4℃付近の温度が適温）休眠から目覚めます。目覚めた後、適当な暖かい温度のもとにしばらくおかれると発芽してきます。このようなタネの性質は、古くから人々に気づかれていたようです。林業では、樹木の種子を春に確実に芽生えさせる技術として「湿層処理（しっそうしょり）」という方法が使われてきました。種子を湿った土と混ぜて戸外に置いて冬の寒気にあてるという方法です。

　タネがもつ特別な性質、湿った状態で低温にさらされると休眠から覚めるという性質（冷湿要求性（れいしつようきゅうせい））は、木のタネにも草のタネにも広くみられます。そのようなタネは、秋には発芽せず春に発芽します。

　春がきたことを知るには、春の温暖な温度そのものよりも、冬の低温を目印にするほうがずっと確実です。晩秋にも春のようなうららかな暖かい日が何日も続くことがあるからです。それを春と勘違い（かんちが）して発芽してしまうと、芽生えは小さくか弱いうちに厳しい冬の環境にさらされてしまいます。そんな勘違いを避ける（さ）ために役立つのが「冷湿要求性」です。それによって、タネは冬がたしかに過ぎたことを知ることができるのです。どのくらいの長さの低温期が必要かは、植物の種類によって、また地方によっても異なりますが、樹木のタネは比較的（ひかくてき）長い（数週間以上の）低温期を必要とするものが多いようです。

　発芽ではなく、その後の芽生えの成長に冷湿要求性をもつ樹木も知られています。たとえば、ミズナラ、コナラなどのナラ類の実は、落下後すぐに発芽してしっかりした根を出します。しかし、茎（くき）を伸ばし葉を開く（の）のは、冬の低温（1〜5℃）を経験した後です。

●春に発芽するための別の方法

　春に芽生えるすべてのタネが冷湿要求性をもっているわけではありません。特別の休眠をしていなくても、タネが春にだけ芽生える植物もあります。たとえば、かなりの高い温度にならないと発芽できないタネや、長い時間をかけないと芽生えることのできないタネをつくる植物です。それらのタネが実るのが秋の遅い時期であれば、地面に落ちたタネはすぐには発芽せず冬を迎えるでしょう。地面が凍ったり雪をかぶったりしている冬の間に発芽することはまずありませんから、発芽は地面がふたたび温められ水分に恵まれる春の遅い時期にまで延期されることになります。たとえ同じような性質のタネでも、もし初夏に分散するタネであれば秋のうちに芽生えてしまうでしょう。ある季節に芽生えるために、タネがどのような性質をもつべきかは、タネがいつ実って分散されるかにもよるのです。

オケラは秋に花が咲き
晩秋に果実（左）がつく。
タネが芽生えるのは春
だ（上）

早春の草むらに芽生え
るオオブタクサ（上）。
芽生え（右）は、小さ
くても成長が早いため
3〜4カ月で2mを超え
るまでになる

●春早く大きな芽生えをつくる

　小さな芽生えは、多年草が地下茎などから地上にぐんぐんと
茎や葉を伸ばしてくるころに芽生えたのでは、光をめぐる競争
での勝ち目はありません。オギやススキの草原に生育する植物
は、そのほとんどが多年草です。そのような植物が芽をだす時
期よりもひと足先に芽生え、あるていど成長してから競争すれ
ば、一年草の芽生えでも十分に多年草の草原に侵入^{しんにゅう}していくこ
とができます。

　北アメリカ産のオオブタクサは一年草で、タネが大きいだけ
でなく、春早く芽生えるのが特徴^{とくちょう}です。関東地方の低地の河原
では、オギが葉を伸ばしはじめるころには、すでにかなり大き
くなっていて、オギと高さを張り合いながら、成長していくこ
とができるのです。それは芽生える季節が早く、最初から大き
な芽生えをつくることができるからです。

●春わざわざ遅く芽生える

　逆に、わざわざ他の植物よりも遅く芽生えることを作戦としている植物もあります。それは、他の植物に巻き付いて生きるツル植物です。ツル植物の鉄則は、巻き付く相手よりも遅れて芽生えることなのです。春もたけなわを過ぎ、巻き付く相手である直立する植物がほどよく成長したころが最適な発芽のタイミングです。そのころであれば、ツルの先端をゆっくりと振り回してさぐれば、巻き付く相手をすぐに見つけることができるのです。

　オギ原やヨシ原に生えるヤブツルアズキやヤブマメ、ゴキヅル、スズメウリなどは、いずれもオギやヨシがあるていど成長したころに発芽し、巻き付きます。自分の体を支えるために茎を丈夫にする必要がないので茎は細くてもかまいません。そのぶん高いところまでよじ登ってたくさんの葉を広げることができます。

◀マメ科のノササゲの
小さな芽生え

▶アサガオのツルがほ
かに巻き付くものがな
いかさがしている。野
生のツル植物もこんな
ふうに巻き付く相手を
さがす

秋に芽生える

　古くから日本列島で生活していた植物の中には、わざわざ秋を発芽の時期に選ぶ植物はあまり多くはありません。芽生えたすぐ後に、低温や乾燥など、環境条件の厳しい冬を迎えてしまうからです。しかし、外国からやってきて日本に野生化している外来雑草の中には、秋に芽生えるものが少なくありません。それらは冬になる前にあるていど大きくなり、「ロゼット」という地面に放射状に葉を広げた形で冬を越すのです。

　秋に芽生えるためにタネが身につけている生理的な性質は、春に芽生えるための性質とまったく逆です。春に芽生えるタネが冬の低温を目印にするように、秋に芽生えるタネは夏の高温を目印にして秋の訪れを知ります。つまり、高温にあうと休眠から目覚め、涼しくなり始めた秋に芽生えるのです。芽生えそこなうと、目覚めたタネも冬の低温にさらされて、ふたたび休眠してしまいます。

◀秋に芽生える小さな芽生えは、長く厳しい冬を生き延びることができるだろうか。オオアレチノギクなど

▶秋に芽生える雑草の芽生え。厳しい冬がくる前に急いでロゼットにまで成長しなければならない（81ページ）
1　アレチマツヨイグサ
2　オオマツヨイグサ
3　ノアザミ
4　アレチノギク
5　ハマナデシコ
6　ナズナ

1	2
3	4
5	6

●ロゼットで冬を過ごす

　秋に芽生える草のほとんどが冬をロゼットの形で過ごします。茎がほとんど伸びず、たくさんの葉が重なっていることで、寒さと乾燥の厳しい冬を乗り切るのに適しているようです。昼間には地面が温められて温度も高くなるので少しは光合成もでき、地面は湿っているので空気中よりは葉が乾燥しにくいのも好都合です。

　ロゼットで冬を越した植物たちは、春には茎を伸ばし、その先に花を咲かせます。これらの植物のタネの中には、春に芽生えるものが混ざっていることがあります。冬があまりに厳しすぎれば、秋に芽生えたものは死んでしまいます。危険を分散するために、母親の植物は、春に芽生えるタネを混ぜておくのです。春に芽生えたものは秋に芽生えたものほど大きくはなれませんが、安全な季節になってから芽生えるので、より確実に生き残ることができます。

◀ヒメムカシヨモギのロゼット

▶秋に芽生えた芽生え（79ページ）が成長してロゼットとなって冬を越す
1　アレチマツヨイグサ
2　オオマツヨイグサ
3　ノアザミ
4　アレチノギク
5　ハマナデシコ
6　ナズナ

1	2
3	4
5	6

（82〜83ページ）落ち葉のすき間からひょっこりと芽生えたミミナグサの芽生え。無事に生き残ることができるのだろうか

「すき間」ができたら芽生える

　芽生えの成長に明るい環境が必要な植物は、暗い森林の下や植物がこみあう草原では、たとえ芽生えたとしても元気に成長することはできません。ヌルデやアカメガシワの芽生えは、太陽光の10％ていどしか地表面に届かない草原の中では、多くが光不足で死んでしまいます。そのような樹木のタネは、芽生えの成長に適した植生のすき間「ギャップ」ができたときにタイミングよく発芽するように、ギャップの存在をさぐるための生理的な性質をもっています。芽生えの成功につながらないむだな発芽を避け、休眠したまま土の中でギャップができるのを待ち続けるのが彼らの戦略です。

●伐採後に芽生える
　森林の伐採跡地は、陽のあたる場所を好む植物の天下です。森林だったころには見られなかった、明るい場所を好む木や草が生えてにぎわいを増します。

　秋に伐採された跡地では、つぎの年の春から初夏にかけて、ギャップができたことを知って顔を出した芽生えのラッシュが起きます。それらのタネは、そこに森林があったころからずっと土の中で眠っていたものが少なくないのです。森林がまだりっぱに成長する前に生えていた植物のタネが100年もの間待っていたものもあれば、鳥や獣が何十年もかけて、少しずつ周囲から運んでためたタネもあります。もちろん、シラカバやヤナギランなどギャップができてから周囲から運ばれて土壌にためられたものもあるでしょう。

　土の中のタネの目覚めがギャップの植生の回復で大活躍をするのは、寿命の長いタネを土の中に残しているヌルデ、アカメガシワ、カラスザンショウ、サンショウなどです。それらのタネは、ギャップをさぐるしくみをもち、ギャップができるといち早く芽生え、伐採跡の裸地を、陽樹の林へと変化させます。

シラカバは日の光を好む樹木の典型だ。高原の山火事跡や伐採跡地などは、数年でシラカバ林に変わっていく

伐採跡地は、半年もし
ないうちに緑におおわ
れてしまった

●雑草たちの環境モニタリング

　草本植物も含めると、タネのギャップを知る手段としてもっ
とも一般的なのは、温度変化をシグナルとして休眠から目覚め
る性質「変温感受性」です。地表面の昼夜の温度差が大きくな
ることが、ギャップの環境の目印です。変温感受性は、林の縁
やギャップなどに生える低木や耕地雑草のタネに広く見られる
性質です。

　変温感受性は、ギャップの存在を知るだけでなく、タネが土
壌中での自分の深さを知るのにも役立ちます。温度の日変化は
地表面でもっとも大きく、土の深さとともに小さくなっていく
からです。耕地の雑草のほとんどがこの性質をもっているよう
です。そのおかげで、タネは地中深くにあるときは休眠を続け、
地表面に出たときにだけ目覚めて発芽することができるのです。

熱いのが好き？ ぬるいのが好き？

　タネがギャップを知るしくみは、温度の大きな日変化によって休眠から目覚めることだけではありません。植物によって異なるいろいろなやり方で、タネはギャップを探っているのです。生物の進化では、最適なものがデザインされるというよりは、行き当たりばったりの試行錯誤で都合のよいものが選ばれていきます。手段はどうであれ、ギャップができたときにそれをタイミングよく感知して発芽できさえすれば、芽生えが成功する可能性が大きくなるのですから。同じ目的のために選ばれる手段は、植物によってじつに多様なのです。

●熱いのが好きなヌルデのタネ

　ヌルデは、森林が伐採された跡や山火事で焼けた跡によく見られます。とくに山火事の跡では、ヌルデがいっせいに芽生えて育ち、まるでヌルデの畑ともいえるようなところもあるほどです。

　ヌルデが山火事跡のギャップによく見られるのは、もっぱらそのタネの性質によっています。ヌルデのタネは水を通しにくい硬い皮を被っています。水につけても水を吸わず、発芽できません。しかし、タネの皮が短時間でも高い温度にさらされると、まるで栓がはずれたかのように吸い口ができて水を吸うようになります。水を十分に吸うとタネは難なく発芽します。

　ヌルデのタネがそのような高温にあうのは、山火事のとき、あるいは裸地の地表面で昼間の強い日差しをうけたときです。林の下では、夏の昼間でも、地表面の温度がヌルデのタネの休眠を破って水を吸えるようになるほどの高い温度にはなりません。高温にさらされることではじめて水を吸えるようになる性質をもっているので、ヌルデのタネは涼しい森林の下では発芽せず、山火事跡や伐採跡地でだけいっせいに芽生えるのです。

●少し高い温度で目覚めるアカメガシワのタネ

　アカメガシワもヌルデと同じように、タネの寿命が長く、暖温帯の伐採跡地でいち早く発芽する先駆者（パイオニア）です。関東地方では、秋や冬に森林が伐採されれば、その翌年の春から梅雨時にかけて芽生えが見られます。

　アカメガシワのタネには、ヌルデでみられたような水を通しにくい種皮による休眠はなく、秋に生産されたタネは水に浸かればすぐにでも吸水をはじめます。けれどもタネは休眠の状態にあり、目覚めるには、3つの段階を経なければなりません。最初に、25℃ぐらいの温度に数日間おかれることが必要です。第1ステップを無事クリアしたタネは、第2のステップで、32〜40℃の温度に数時間さらされなければなりません。そして最後に、20℃以上の温度にしばらくおかれるとようやく発芽してくるのです。

　森林の下や植物がこみあう草原では、地面近くのタネが湿った状態で32℃を超える温度を経験するようなことはほとんどありません。第2ステップに高温を必要とするため、伐採跡地や十分に光がはいって地面があたためられるギャップでなければタネは芽生えることができないのです。

実りの時を迎えたアカメガシワの果実。これらのタネの中で芽生えになるものはどのくらいあるのだろうか。また、それはいつ芽生えるのだろうか

眠って待つタネ

　森林、草原、耕地など、植物が生えているところならどこでも、またいまは生えていなくても以前生えていたところにも、地表面付近には生きたタネが無数に存在しています。これはタネの貯蔵庫という意味の「シードバンク」と呼ばれています。ひとつひとつのタネは小さくても、それは植物1個体に相当します。だからほとんどの場所で、土壌の中にあるシードバンクの中の植物の数は、地上に姿を見せている植物の数よりもはるかに多いのです。

　いままでに得られたいろいろなデータを整理してごくおおざっぱな数字をあげてみると、土壌シードバンクに含まれている生きたタネの数はつぎのようになります。

　　森林土壌　　$10^2 \sim 10^3$／m²
　　草原土壌　　$10^3 \sim 10^6$／m²
　　耕地土壌　　$10^3 \sim 10^5$／m²

　足の裏の面積を200cm²とすると、草原に1歩足を踏み出せば、軽く100個や1000個のタネを踏みつける勘定になるのです。

　どんな植物も同じように、シードバンクの中にたくさんのタネをためるわけではありません。シードバンクに多くのタネをためているのは、タネが長い寿命をもち、しかも土壌中で容易に芽生えてしまわないで休眠するような性質をもっている植物です。そのようなタネは、普通、ギャップをさぐって発芽するための性質をもっています。明るい立地を好む樹木や雑草、水辺の植物などは、とくに多くのタネを土の中にためこんでいます。

　そこにどのくらいのタネがたまっているかは、その場所と周囲の植生が過去にどのようなものであったかによって違います。現在は安定した森林でも、シードバンクには伐採跡地に芽生えるパイオニア的な植物のタネが多く蓄積していることも少なくないのです。地上の植生と土壌中のシードバンクの植物の構成は、ときにはまったく異なることもあります。

この美しい淡い紅紫色のハスの花は、タネのまま数百年間眠っていたと言われている。泥炭層（でいたんそう）にタネが埋もれていたため保存状態がよかったのだろう

発掘された2カ月後にタネは発芽した

　森林や草原にギャップができたときに、そこにどのような植生が発達してくるかは、土壌中のシードバンクを調べることによって予測することができます。土壌のどのあたりにいつごろの地表面があったか、まわりにどのような植物が生活していたかによって、土壌の中に含まれているタネは場所や深さによる違いが大きいのです。土壌中のタネがどのように存在しているかは、その場所の過去の植生の記録の一部であるともいえます。地域の植生の歴史が、土壌のシードバンクにも刻み込まれているのです。それを発掘することによって、私たちは過去の植生の姿を部分的にうかがい知ることができるだけでなく、うまく活用すれば、失われた植生を復元することすらできるのです。そのためには、土壌シードバンクについてよく知らなければなりませんが、今はまだその知識は不十分です。

●芽生えで調べるシードバンク

　種子の貯蔵庫であるシードバンクの存在に多少なりとも科学的な関心を払い、実験で調べた最初の人はダーウィンです。進化論の本として有名な『種の起源』に、ダーウィンはその実験について記しています。彼は池の底の泥（210g）をモーニングカップにいれて、適度に湿った状態を保ち、暖かい窓辺に置きました。するとつぎからつぎへといろいろな芽生えがでてきて、その数は6カ月間に537に達したといいます。これはダーウィンでなくてもだれでも簡単にできる実験です。

　もうひとつの方法はタネを土壌から選別して直接数える方法です。ひとつひとつのタネの種類を調べ、タネが生きているかどうかの判別も必要なため、どちらかといえば専門家向きの方法ということになるでしょう。この方法では、土壌中のすべてのタネを調べることになりますが、ダーウィンの考え出した方法、発芽させて芽生えを調べる方法では、ある条件のもとで発芽するタネだけを選んで調べていることになります。これらの方法を組み合わせることで、私たちは土壌中のシードバンクの中でタネがどのように生きているのか、その実態をうかがい知ることができるのです。

◀土の中のタネを芽生えさせるこのやり方は、いまでもシードバンクを調べる基本的な方法のひとつになっている

▶ダーウィンと同じようにカップの中に池の土を入れて暖かい窓辺においてみた。しばらくするとたくさんの芽生えがでてきた。その中にはスズメノテッポウ（上）などの芽生えもみられた

●木の上のシードバンク

　生きたタネの貯蔵庫、シードバンクはなにも土壌中にあると
ばかりは限りません。木の上にシードバンクをつくる樹木もあ
るのです。タネが熟しても松ぼっくり（球果）を開くことなく、
何年もそのまま木の上にとどめておくことで保たれるシードバ
ンクです。松ぼっくりが開くのは、火事が起こって熱にさらさ
れたときで、開いた松ぼっくりからこぼれたタネは、火事の跡
の明るい環境でいっせいに発芽します。

　ただし、そのような火に適応したシードバンクが見られるの

は、頻繁に野火が起こる乾燥気候の地域に限られます。アメリカ合衆国の西部の乾燥地帯に多くみられる樹木には、木の上にシードバンクをつくるものが少なくありません。そのような地域では、このような戦略を植物に進化させるほど、生態系の構成要素として火事の役割が重要なのです。自然に起こる火事を人が消してしまうと、木の上にシードバンクをつくる植物はタネを分散し、芽生えをつくることができません。そのため森林には、本来その地域の気候にはあまり適していない樹種が増えてしまいます。火に適応した火に強い森林から、火に弱い森林への変化です。そうなると、大火事が起きたときの植生の破壊はすさまじいものになってしまいます。

●水底のシードバンク

　水底は温度の変化がとぼしく、酸素の濃度が低い状態にあります。そのため、生きたタネがよく保存されています。湖であれば、そこには流域から川の水が運んでくるタネもたまっています。だから、湖底の泥の中のシードバンクは、かなり広い空間のかなり長い時間にわたる植生のありさまを記録しているといえるのです。

　湖底から取り出した泥は、そんなシードバンクを調べるためのまたとない材料です。浚渫土を捨てた場所にどのような植生が発達するかを観察すれば、その一部をうかがい知ることができます。そこから生えてくる植物の中には、流域の遠い場所から運ばれてきて長年にわたって水底で生きていたものもあれば、湖岸の植物のタネが浚渫の直前に泥に混ざったものもあるはずです。

　茨城県の霞ヶ浦の浚渫土から芽生える植物を調べてみたことがあります。流域全体から川の水が運んできたと思われるハルジオンが多く発芽した一方で、浚渫土にできた水たまりには、いまでは水辺から絶滅してしまったオニバスなどの水草が復活しました。最近になって強く求められるようになった外来種に対する対策にも、自然の再生を考えるうえでも、土壌シードバンクについてのしっかりした知識が必要です。

◀ジャックパインの樹上には多数の球果が貯えられているが、何年でも球果は硬く閉じたまま枝についている。しかしひとたび山火事がおこると、球果が開き（左）、タネが散布され（右上）、やがて芽生えが定着する（右下）

3
宝さがしゲーム

　森でも草原でも、田畑でも水辺でも、土の中にはさまざまな種類の植物のタネがたくさん埋まっています。ふだんはなかなか目にすることのできないタネたちですが、木が倒れたり、草が刈られたり、耕されたり、あるいは山火事などによって、植物におおわれず地表面まで光が届く場所、ギャップができると、それをすばやく察知して待ちかねていたように芽生えてきます。土の中や落ち葉の下で、芽生えのチャンスを何年も、何十年も、ときには何百年も待ち続けているたくさんのタネは、地上へ芽生えを供給し、植生を再生させる役割を担っています。

　この章では、ふだんはなかなか気づかれない土の中に貯えられたたくさんの生きたタネ「土壌シードバンク」を調べる方法を紹介しましょう。

◀箱根の仙石原の土の中に埋もれていたタネ。右上の黒く大きいのがツルマメ、羽がついたのがススキ。その他、エゾシロネ、シカクイ、ヒメクグ、ハリガネスゲ、アブラガヤ、コブナグサ、チゴザサ、ヌマトラノオ、ミズオトギリ、ホソバノヨツバムグラ、ヤノネグサ、ヘクソカズラ、アシボソなど

土壌シードバンクとは

　土壌シードバンクは地面の下にあります。温度変化が少なく、昆虫や動物に食べられる危険も、地上と比べてずっと少ない大地こそ、植物たちがタネを貯えておくのにふさわしい場所です。なかにはごくまれに、木の枝についたり水底に沈んでいるものもあります。

●土壌シードバンクのできかた

　はじき飛ばされたり、風や水、鳥や動物などに運ばれたタネは、地面に落ちた後、すぐに芽を出すとは限りません。それからがタネで過ごす長い時代の始まりです。

　秋に実り地面に落ちたあと、冬をやり過ごして春に芽を出すタネは、冬のあいだは地表面や土の中で眠っています。春がきても、すべてのタネが目覚めるわけではありません。雨が降らなかったり、日陰で温度変化が少なかったりすれば、タネは目を覚ますことなく眠り続けます。初夏に土に落ちたタネも、夏が過ぎ秋になってすべてが芽生えるわけではありません。多くのタネたちが、まわりの環境をさぐりながら、芽生えに適した時を待ち続けるのです。芽生えのチャンスが訪れなければ、何年でも、何十年でも、ときには何百年でも、寿命がつきるまで待ち続けます。

　地上では季節ごとにタネが生産され、地面に降り注ぎます。そのようすを雨にたとえてシードレイン（タネの雨）といいます。シードレインはシードバンクにタネを供給します。タネのなかには、虫に食べられたりカビで腐ったりして死んでいくものもあるでしょう。シードレインによってシードバンクのタネは増え、芽生えたり、死んでいくことでタネが減ります。時とともにその中身を変化させながら、シードバンクはいつも土壌中に存在するのです。植物のある場所はもちろん、かつては植物があった場所にも必ず存在します。水辺や湿地はシードバンクが

とくに発達しやすい場所です。

●土壌シードバンクのある場所

　タネはどこにでも一様に散らばっているわけではありません。親植物の近くや、水や風で運ばれたタネがたまりやすいところには、たくさんのタネが集まっています。けれども土の中のどこにどのくらいのタネがたまっているかは、実際に調べてみなければよくはわかりません。

　円柱形に土を抜き取り、深さ別の層にわけてそのなかに含まれているタネを調べてみると、地表面に近いほどタネがたくさんあることがわかります。深いところにはほとんどタネが見つからないこともあります。土壌がかき混ぜられることなく上からゆっくりと積もって形成されている場所では、地表面近くには最近になって土壌に取りこまれたタネが多く、深い場所にはずっと以前にシードバンクにはいったタネが見られるでしょう。

▶コナギは一年草のやっかいな雑草で、自家受粉でタネをつくる。シードバンクをつくるせいで、いくら引っこ抜いてもまたつぎからつぎへと生えてくる

●土壌シードバンクからの芽生え

　土壌シードバンクに含まれていたタネたちが目覚めて芽生えをつくるのはどんなときでしょうか。毎年春になると、多くの植物のタネがシードバンクから目を覚まして芽を出す準備をします。しかし、実際に芽生えるかどうかは、ひとつひとつのタネにとっての環境によって決まります。植生の少なくとも一部が台風、洪水、地滑りなどの自然の作用、あるいは人の活動によって破壊されてギャップがつくられると、土壌シードバンクに含まれていた多くのタネが目覚めていっせいに発芽します。

　ギャップができた直後に生える植物の多くが、土壌中のシードバンクに由来するものです。ただし、風によく飛ぶタネをつくるダンドボロギク、ヤナギラン、シラカバなどは、ギャップができた後にタネが飛んできて芽生えるものが多いようです。シードバンクの中には、その場所の植生にはない植物も多く含まれています。それはタネの中には寿命が数十年、あるいは100年を超えるようなものも少なくないため、何十年、何百年分のシードレインの一部がシードバンクの中に残されているからです。その意味で、シードバンクは植生のタイムカプセルともいえるのです。その地域の過去の植生の形見といってもよいかもしれません。しかも100年以上も前から現代までの長い間の植生の記憶を残しているのです。

　あらかじめ土壌中のシードバンクにどのようなタネが含まれているかがわかっていれば、ギャップができたり、耕されたり、その場所に池をつくって水をためたりしたときに、どのような植物がシードバンクから芽生え、どんな植生が成立するかを予測できます。自然を再生したり、植生を復元しようとするときには、シードバンクの情報が欠かせません。シードバンクを調べるには、特別な装置や薬品などは必要ありません。タネについて知りたいという気持ちと芽生えへの興味さえもっていれば、だれもがそれを調べることができます。それはだれでもが参加できる「宝さがしゲーム」といってもよいかもしれません。もしかすると、あなたも、驚くようなお宝をさぐり当てることができるかもしれません。

すっかり焼きつくされたコナラ林（上）も、半年もたてばツクシハギなどの芽生えが定着して成長しはじめ、まるでツクシハギ畑のような様子になった（右）。山梨県勝沼で

シードバンクを見つける

　土の中にあるシードバンクを見つけ、そこにどんなタネが眠っているかを調べるには、大きく分けて2つの方法があります。ひとつは調べたい土を適当な目の大きさのフルイにかけ、流水でタネを洗い、タネを1つずつ観察する方法（種子選別法）です。もうひとつは調べたい土を掘り出して適当な容器や野外に播き出し、タネを芽生えさせて芽生えを調べる方法（実生発生法）です。

●タネを直接数える方法

　まず、土の中からタネを選り分けて直接数える方法について、手順を追って説明してみましょう。

　掘り出した土をフルイにかけて、よぶんな土を水で洗い流します。フルイをかけることで大きさ別にタネを集めることができます。土に含まれているタネの大きさに応じて、フルイは目の違うものをいくつか組み合わせて用います。土の中には、石や植物の根、虫の卵や抜け殻など、さまざまなものが含まれているので、タネをそれらから選り分けなければなりません。フルイを使ってあるていど選別したら、あとはピンセットを使って手作業でおおまかにタネを選別します。最後は、肉眼や実体顕微鏡などでタネをひとつひとつ見つけ出し、それぞれの種類を見分けます。

　どんなタネがどのような形をしているのか、日頃からよく観察しておかなければその判別は難しいでしょう。そのため、これはだれでもが簡単にできる方法とはいえません。多くの種類の植物のタネの大きさや形や色を覚えている必要があるので、どちらかといえば専門家向きの方法です。この方法に挑戦してみるには、まず、タネを覚えるところから始めなければなりません。最近ではタネの写真を載せた図鑑もつくられていますが、タネの実物を日頃からよく観察しておくのがいちばんです。小

▶フルイにかけた土を持ち帰り、紙の上に広げて土とタネを選別していく。区別が難しいときにはルーペや実体顕微鏡で観察する。タネの識別能力と根気がいる作業だ

ビンなどに入れたタネの標本をつくっておくと便利です。名刺くらいの大きさの市販の透明な袋（「粘着ポケット」として売られています）に入れたタネをカードに貼り付けた標本をつくってもいいでしょう。

　タネをフルイにかけながら洗い出す作業にも時間と手間をかけなくてはならずやっかいです。その土の中に含まれているタネの種類が多く大きさがさまざまだと、その手間はそうとうなものとなり、辛抱強く選り分ける作業が必要です。

　それぞれのタネの種類がわかったら、今度は、それが生きているのか死んでいるのかを調べなければなりません。ひと粒ずつカミソリの刃で割って、顕微鏡の下で胚が健全かどうかを調べて生死を決めていきます。

　この方法はとても労力がかかり、多量の土を扱うことができないことも不利な点です。けれども、もう一方の芽生えさせて調べる方法とくらべ、その土壌試料に含まれているタネを残らず調べることができ、土壌シードバンクのすべてを把握できるという大きな利点があります。また、もし土壌中のシードバンクに含まれているタネのすべてを対象とするのではなく、特定の種類だけを調べるのであれば、この方法でもそれほどの手間はかかりません。

北海道日高地方の海岸近く
のカシワ林の土壌にあった
シードバンク。多くのもの
が地上の植生にも見られる
植物のタネだ

ヒゴグサ

サクラソウ

シラカバ

キジムシロ

ネナシカズラ

カシワ林にはサクラソウが
自生している。高木にはカ
シワのほか、シラカバやオ
オヤマザクラ、低木はカン
ボクやタラノキがみられる。
草本植物は、サクラソウの
ほか、ナガボノシロワレモ
コウ、ヤマブキショウマ、
スズムシソウ、サクラスミ
レ、オオアマドコロ、タチ
ギボウシなどがある

ヒゴグサ

スミレ属

シロザ

スゲ属

エゾニワトコ

オオヤマフスマ

ハナダテ

ムカシヨモギ属

ヒゴクサ

イヌダテ　シソ科

エナシヒゴクサ

103

スギ植林地の土壌シードバンク。植林地の植生には見られないパイオニア的な植物のタネやタケニグサ、ミツバツチグリ、ツユクサのタネなどが、スギのタネに混ざっている

キイチゴ属

スギ

高い密度で植林されたスギの人工林は、昼間でも地上にはほとんど光が射さずにうっそうとしている。下草はほとんど生えていない。場所は秩父の父不見山（ててみずやま）

タケニグサ

スギ

ツクシハギ

ミツバツチグリ

ニワトコ

オオネバリタデ

ツユクサ

ヌルデ

タラノキ

チヂミザサ

●芽生えさせて調べる方法

　調べたい土を厚さ数～十数cm程度の層に広げて水分や温度、光などを調節して、タネから出てくる芽生えを調べます。場合によっては野外に播き出してもよいでしょう。土を広げるのは、土の深いところからはタネは芽生えてこないからです。この方法では、土の中に含まれているタネのうち、発芽しやすい状態にあるタネがどんな植物であるかを調べることができます。また、大量の土について調べるのに適した方法であるともいえます。

　土を播き出したら十分に水が保たれるようにして、どんな芽生えが出てくるのかを定期的に観察します。名前のわからない芽生えには印をつけておき、大きく成長してから名前を調べればよいでしょう。野外で実験する場合に注意しなければならないのは、風などで飛んできたタネがそこで芽生えてしまうことです。外からタネがはいってこないように、土を播き出した場所を目の細かいネットでおおうというやり方もあります。しかし、逆に外からはいってくるタネを別に調べ、その種類については外からはいってきた分として割り引いて結果を出すという方法をとってもよいでしょう。

▶調査の手順

1　パワーシャベルで土壌を採集する。今回は50cmの深さまで掘った

2　採集した土からヨシなどの地下茎を除いて播き出しの準備をする

3　岸辺にゆるやかな傾斜をつけた池にビニールシートを敷き、その上に準備した土壌を播き出す

4　池に水を張り、水位を一定に保つ

5　芽生えた日付けと種類を記録していく。小さな番号札を付けた針金を芽生えのわきに挿していくとよい

6　播き出しの3カ月後の6月には、芽生えたタコノアシ、ハンゲショウ、ハナムグラなどが良好に成長していた

1	2
3	4
5	6

◀調査地を選ぶ。渡良瀬遊水池（わたらせゆうすいち）の河川敷から土壌を採集し、近隣の小学校のビオトープ池で観察・調査した

土壌を播き出してから5カ月後の8月には、ガマは大きく成長し、オモダカやミズアオイが花を咲かせた。アゼナもたくさんみられる。そこにはいかにも水辺らしい植生が再現されていた

●播き出した土からの植生復元

　もし、湿原や水辺の土壌にあるシードバンクを調べるのであれば、岸にゆるい傾斜をつけた池に播き出す方法がよいでしょう。池は、できるだけ日当たりのよい場所につくります。光、昼間の高い温度、温度変化などが休眠しているタネを目覚めさせる刺激として役立つからです。岸辺にゆるい傾斜をつけるのは、水深の浅いところから深いところまで環境の幅を大きくするためです。それだけタネにとっての発芽の条件が広がり、植物がそれぞれに適した水深の場所で発芽してくることが期待できます。また、池をつくって土を播き出す季節としては冬の終わりころがよいでしょう。日本の多くの植物は、タネが春に芽生える性質をもっているからです。

　調べたい土からは、植物の地下茎などをあらかじめていねいに取り除いておく必要があります。タネから芽生えたものと、地下茎から再生してきたものとを混同しないようにするためで

す。準備した土を防水シートの上に均一に播き出したら、池の水深がいつもだいたい同じぐらいに保たれるようにときどき水を足します。

　芽生えが出始めたら、定期的に新たに出たものを記録し、印をつけます。詳しい調査をするのが面倒であれば、ときどきようすを観察するだけにして、芽生えた植物が十分に成長した後に、どこにどんな植物が生えているのかを調べることにしてもよいでしょう。湿原や水辺の豊かなシードバンクを含んでいる土を播き出せば、この宝さがしゲームは、そのまま小規模な植生の復元になるはずです。

　冬の終わりに播き出した土からは、春になるとつぎつぎにいろいろな植物が芽生えてきます。最初は小さくかわいらしいその芽生えは、目を見張るような勢いで成長します。梅雨時にも植物の成長は衰えることなく、やがて初夏ともなると池の岸辺は緑の植生でおおわれます。そして秋、池に赤とんぼがやってくるころに、水の中で紫色のはなやかな花を咲かせるのは、水田雑草でありながらいまでは絶滅危惧種となっているミズアオイです。

　土を播き出した池で数カ月間の間につぎつぎと展開するできごとは、土壌シードバンクがいかに大きな可能性をもつものかを雄弁に語ってくれます。

　この宝さがしゲームは、必ず播き出した土からはたくさんの芽生えがでてくるというように、結果をあるていどまで予測できるゲームではありますが、予想の及ばないことがおこる意外性も楽しめます。それは、地域から絶滅したと思われていた植物が復活してくることかもしれません。タコノアシやミズニラ、シャジクモの仲間などの絶滅危惧種が芽生えてくるかもしれません。そんなことが起これば、それこそお宝を掘りあてたということになるでしょう。

　昔のその土地のようすがわかっていれば、どこから土をとって調べればどんなお宝を掘りあてることができるのか、あるていどは予測ができるかもしれません。その予測が的中するか、外れるのか、それもゲームの楽しみ方のひとつでしょう。

参考文献

浅野貞夫著『芽ばえとたね─植物3態／芽ばえ・種子・成植物　原色図鑑』（全国農村教育協会）

上田恵介著『種子散布─助けあいの進化論〈1〉鳥が運ぶ種子』（築地書館）

上田恵介編著『種子散布─助けあいの進化論〈2〉動物たちがつくる森』（築地書館）

中西弘樹著『種子はひろがる─種子散布の生態学』（平凡社）

鷲谷いづみ・大串隆之編『動物と植物の利用しあう関係』（平凡社）

Fenner, M. (ed.): *Seeds: The ecology of regeneration in plant communities.* (CABI Publishing, Wallingford)

Murray, D.R.(ed.): *Seed dispersal.* (Academic Press, Sydney)

Sauer, J.D.: *Plant migration: The dynamics of geographic patterning in seed plant species.* (University of California Press, California)

あとがき

　20年以上も植物の暮らしを見まもる生態学の研究をしてきました。タネや芽生えは
とくにたいせつな研究対象でした。そんなわけで私はついタネや芽生えの身になって世
界をながめてしまいます。それは、細やかで多様で、しかもダイナミックな世界です。

　野生の植物でも、葉や花や実は人目を引きやすいものです。けれどもタネや芽生えを
意識する人はあまりいません。動けないタネや芽生えが巧みに環境と折り合い、ときに
はそれを操作して生きている姿はじつに興味深いものです。それを少しでも多くの方た
ちに伝えたいと思ったことがこの本をつくった動機です。

　埴沙萠さんの写真には15年ぐらい前にはじめて出合い、ほんとうに驚きました。タ
ネや芽生えの豊かな表情がみごとに表現されているからです。いつかお目にかかりたい
と思っていましたが、そのチャンスを山と溪谷社の岡山泰史さんがつくってくれました。

　私の研究室で土壌シードバンクの研究をしている安島美穂さんは土から取り出した
タネのすばらしい写真を提供してくれました。荒木佐智子さんにもさまざまな面から多
大な協力をいただきました。火とタネの生態がご専門の岐阜大学の津田智さんほかから
も写真をお貸しいただきました。そんなみなさんのお力をお借りして、この本には、タ
ネや芽生えの目で世界をみるための、ささやかな秘訣とでもいえるものを記すことがで
きました。いまは、感謝の気持ちでいっぱいです。（鷲谷いづみ）

　「あーっと思うモノがアートなんだ」なんて、友人をからかっていますが、木や草とい
っしょに暮らしていると、ほんとうにそんな気持ちになります。

　花が咲くとあーっと驚きます。タネが芽生えると、あーっという気になります。タネ
が羽毛や翼で飛びたっていったり、とつぜんに実がはじけてタネが跳んだりすると、あ
ーっととと……！　です。

　その「アート」な、植物の生態を追いかけて撮影しているうちに、花びらが散ったそ
のあと、花のもっともだいじな大シゴトが始まるのだということに気がつきました。タ
ネづくりの作業です。

　植物が、タネをつくることのために、そして、そのタネを旅立たせることのために、
どれほどの大きな生命の英知が注がれていることか。その思いが、タネとのつきあいを
深いものにしています。

　機械をもたない植物は、生体機械とでもいうような道具で、タネを旅立たせています。
その生体機械というのは、たとえば動物の子宮にあたる子房が、強い力ではじけてタネ
をとばすことなどです。それは母体の一部が変化したもので、母性愛の原点を見る思い
さえして、ひと粒の小さなタネがいとおしくなります。

　そんな思いで撮影したタネ、そして、その芽生えの写真が、こうして鷲谷博士によっ
て活かされたことを、たいへん嬉しく思っています。（埴 沙萠）

鷲谷いづみ（わしたに・いづみ）

東京都出身。東京大学理学部卒業、東京大学大学院理学系研究科博士課程修了。理学博士。筑波大学生物科学系講師、助教授、東京大学大学院農学生命科学研究科教授。2015年定年退任、名誉教授。2015年から 中央大学人間総合理工学科教授。2020年3月退職。著書に『生態系を蘇らせる』（NHK出版）、『天と地と人の間で 生態学から広がる世界』（岩波書店）、『コウノトリの翼 エコロジストのまなざし』（山と溪谷社）ほか。みどりの学術賞、日本生態学会功労賞などを受賞。

埴沙萠（はに・しゃぼう）

10代の頃よりサボテンの研究を始め、過酷な環境の沙漠に生きる植物から、生きることの仕組みや知恵を学び、身近な植物の生態を撮影している。足元にごく普通に生息している植物たちを生き生きとした一瞬をとらえて、数々の本を出版。『植物記』（福音館）、『たねのゆくえ』（あかね書房）、『きのこふわり胞子の舞』（ポプラ社）ほか。NHKスペシャル「足元の小宇宙 ~生命を見つめる植物写真家」が話題に。2016年逝去。

写真提供／安島美穂（94、103、105）・岡山泰史（101）・ 荒木佐智子（106、107、108）・いがりまさし（54）・石江進（60）・佐藤 明（45、46）・鈴木庸夫（55）・津田 智（92、99、104）・丸井英幹（61下）・鷲谷いづみ（102）

ブックデザイン／mocha design
編集／岡山泰史
校正／星野あけみ（鴉鷺工房）
取材協力／大武美緒子

＊本書は2002年発行の『タネはどこからきたか？』の新装版です。

（新装版）**タネはどこからきたか？**
2020年7月1日　初版第1刷発行

著　者　鷲谷いづみ、埴 沙萠
発行人　川崎深雪
発行所　株式会社 山と溪谷社
　　　　〒101-0051
　　　　東京都千代田区神田神保町1丁目105番地
　　　　https://www.yamakei.co.jp/
印刷・製本　凸版印刷株式会社

●乱丁・落丁のお問合せ先
　山と溪谷社自動応答サービス　Tel. 03-6837-5018
　受付時間／10:00～12:00、13:00～17:30（土日、祝日を除く）
●内容に関するお問合せ先
　山と溪谷社 Tel. 03-6744-1900（代表）
●書店・取次様からのお問合せ先
　山と溪谷社受注センター
　Tel. 03-6744-1919 Fax. 03-6744-1927

＊定価はカバーに表示してあります。
＊本書の一部あるいは全部を無断で複写・転写することは、著作権者および発行所の権利の侵害となります。